Miko-Edition

COOLE TYPEN

Hunde –
warum wir sie so lieben

Von Monika Mohr

Mit Beiträgen von Klaus Löwitsch
und Stan Natchez

Miko-Edition

Vorwort der Autorin

Die besondere Beziehung zwischen Mensch und Hund existiert seit Jahrtausenden. Wie aber kommt man auf den Hund ohne selbst einen zu besitzen? Ganz einfach: Durch eine herzzerreissende Story. Eine Geschichte, die mir Schauspieler Klaus Löwitsch nach Dreharbeiten in der Dominikanischen Republik erzählte. Nämlich, warum er es nicht verdient habe, jemals wieder einen Hund zu besitzen. Ein emotionales Paradebeispiel für das innige Verhältnis zwischen Mensch und Hund.

Und weil wir Hunde so lieben, fing ich an, Frauchens und Herrchens Lieblinge zu fotografieren. Erst die von Freunden und Bekannten, dann die Hunde von Leuten, die ich auf der Straße ansprach und von Prominenten wie Literatur-Nobelpreisträger Günter Grass oder dem renommierten Maler Georg Baselitz. Auch auf Reisen, wo immer auf der Welt ich gerade arbeitete oder urlaubte, drückte ich auf den Auslöser, wenn mir ein Hund besonders gefiel – auf Mallorca, Kuba oder Sylt, in Malaysia, Patagonien, Arizona oder Venedig. So portraitierte ich Schoßhündchen und Streuner, Rassehunde und Promenaden-Mischungen. Drollige Kerlchen allesamt – einfach coole Typen.

Hunde – warum wir sie so lieben

...weil sie ein guter Kamerad sind

Schauspieler Klaus Löwitsch erzählt von seinem

„Julius"

Dies ist die Geschichte,
warum ich es nicht verdient habe,
jemals in meinem Leben
wieder einen Hund zu besitzen.

Sechs Wochen war der Winzling alt, als ich ihn von meiner Schauspielerkollegin Gertraud Jesserer im Sommer 1963 geschenkt bekam. Ein kleiner Boxer, dunkel gestromt. Man hatte ihm gerade die Ohren kupiert. Ich freute mich wie verrückt über dieses kleine Bündel.
„Julius" sollte es heißen.

„Julius" kam genau zu der Zeit zu mir, als ich mir das erste Mal das Saufen abgewöhnte. Ich stürzte mich also voll und ganz auf meinen neuen, kleinen Weggefährten. War so verliebt in den kleinen Hund, dass alle meine Freunde sagten, den Klaus können wir abschreiben. Der hat so eine enge Beziehung zu dem Hund, dass für nichts anderes mehr Platz ist. Sie hatten recht. „Julius" war nicht nur der schönste Hund der Welt, sondern auch der gelehrigste, wie ich bald herausfand.

Also begann ich ihn auf Superhund zu trimmen. Stundenlang gingen wir spazieren. Herrchen absolvierte sein Fitness-Programm und „Julius" musste dabei regelrecht exerzieren. Schon mit acht Monaten ging er bei Fuß. Er hörte aufs Wort. Viel zu früh, wie ich sehr bald erfahren sollte.
Für zwei Monate musste ich nach München, um Theater zu spielen. Der Hund bleib erst mal in Wien bei Freunden. Wochenlang hatten der Hund und ich uns nicht gesehen. Dann kam er nach München. Voller Erwartung stand ich auf dem Bahnsteig. Würde „Julius" mich erkennen? Er blickte mich an, sprang aus dem Zug, rannte auf mich zu und hüpfte um mich herum und an mir hoch. Wir waren noch immer ein Herz und eine Seele.

Von da an lebten wir in München in einem winzigen Zimmer. Wir fraßen quasi aus dem selben Napf – und das Aufgebot war eigentlich schon bestellt...

Flocken tanzten durch die Nacht. In München fiel Schnee. Alles war wie mit Puderzucker eingehüllt. Es war der erste Schnee, den der Hund sah. „Julius" war wie aus dem Häuschen. Er sprang herum, schnappte

und jagte die wirbelnden weißen Eiskristalle. Es war eine Freude ihm zuzusehen. Wir waren die Einzigen weit und breit und voll und ganz mit uns beschäftigt. Ganz entfernt, am anderen Ende der Strasse, tauchten die Lichtkegel eines Autos auf.

Man hatte mich immer und immer wieder gewarnt: Lass den Hund nicht von der Leine, er ist noch zu jung. Der sieht was und haut ab. Auch Kollegin Susi Nicoletti hatte mir nachdrücklich einzuschärfen versucht, dass der junge Hund auch mal nicht parieren könnte. Ich schlug alle Warnungen in den Wind. In meinem Hochmut, dass mein Hund anders sei, habe ich das nicht berücksichtigt.

„Julius" und ich tollten auf dem Bürgersteig herum. Die Scheinwerfer des Autos erleuchteten jetzt schon die Straße, waren ganz nah. Plötzlich, wie von der Tarantel gestochen, rannte der Hund direkt auf den Wagen zu. Ein furchtbarer Knall – und er lag regungslos da.

Das Ganze spielte sich zufällig in der Nähe des Tiermedizinischen Institus in der Königinnenstraße in Schwabing ab. Ich hob „Julius" hoch und rannte mit dem Hund auf meinen Armen in die Tierklinik. Fragte

die Ärzte, ob es denn noch ein Chance für ihn gäbe. Das war mein Fehler.

„Julius" hatte die Wirbelsäule gebrochen. Die Mediziner operierten ihn. Ich glaube, die wollten nur ihre Erfahrungen erweitern. Vier Wochen lang dokterten sie an ihm herum. „Julius" vegetierte dahin und verfiel mehr und mehr.

Er mußte leiden, weil ich es nicht wahrhaben wollte, dass es ihn nicht mehr geben sollte. Es war reiner Egoismus, dass ich ihn erst nach vier langen, quälenden Wochen einschläfern ließ.

Viele Schauspieler vereinsamen, wenn sie die ersten Sturm und Drangjahre hinter sich haben. Wenn man von oberflächlichen Bekanntschaften die Schnauze voll hat, ist man doch ziemlich allein in dem Beruf.

Obwohl ich in den vergangenen Jahren immer den Wunsch hatte wieder einen so treuen Freund und Begleiter zu haben, gab es nie wieder einen Hund an meiner Seite. Ich bin der Meinung, dass es mir einfach nicht mehr zusteht. Weil ich kläglich versagt habe in der Beziehung zwischen Hund und Mensch.

...weil sie uns verzaubern

Madame Meyer Golden Retriever | Besitzerin: Colleen B. Rosenblat, Schmuckdesignerin, Hamburg/New York

...weil sie uns den Kopf verdrehen

Penny Welsh Terrier | Besitzerin: Gunny von Saucken, Eventmanagerin, Hamburg

...weil sie uns ihre Zuneigung schenken

Ole Border Collie | Besitzer: Karl Anton Schmidt, Maurer, Morsum/Sylt

...weil sie wachsam sind

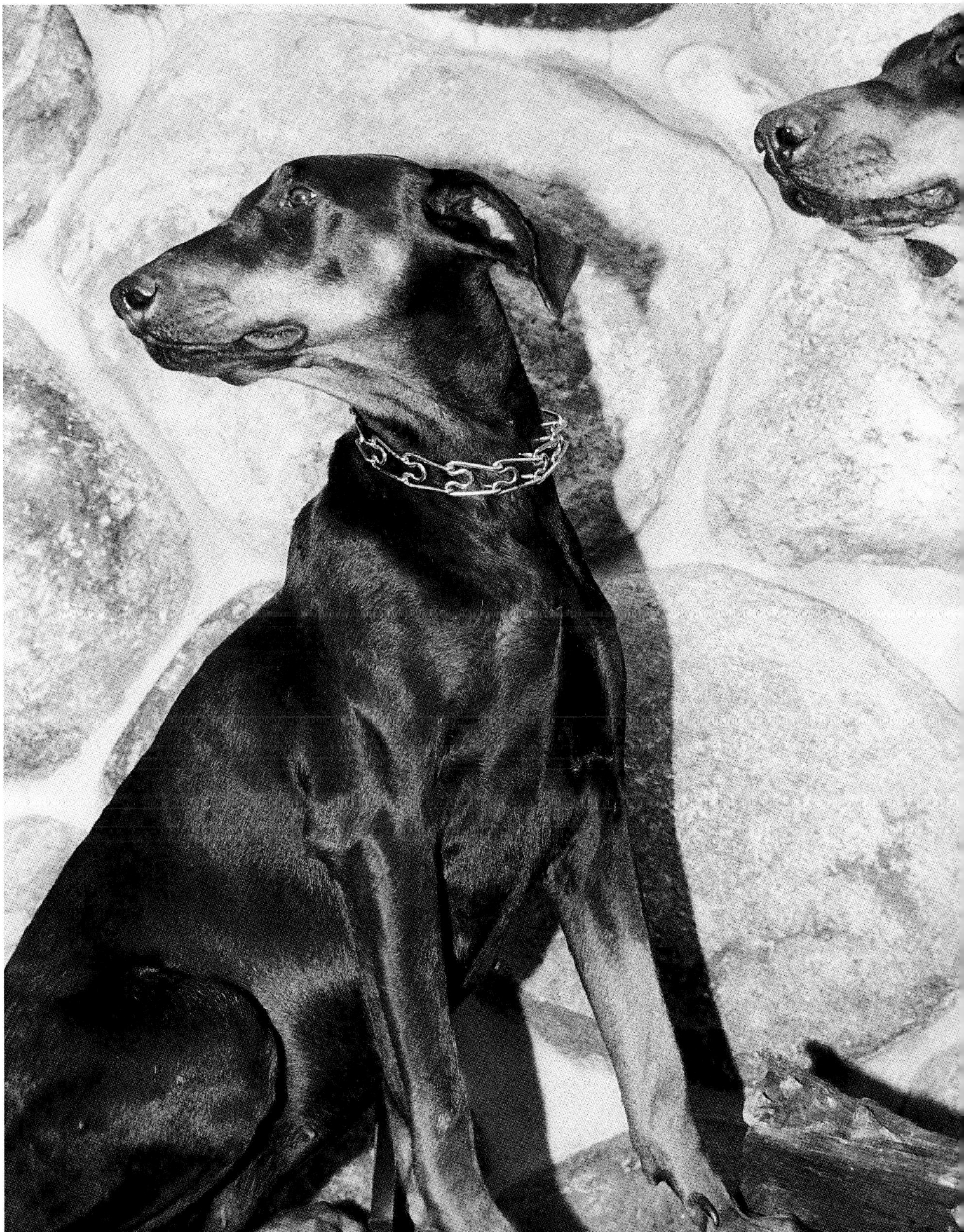

Baghera + Balu Dobermänner | Besitzer: Angelika + Hans-Jürgen Thiemann, Eigner des Heideparks Soltau, Soltau

...weil sie so gerne schmusen

Teddy Lhasa Apso | Besitzer: Gabriele + Horst Pantzek, Unternehmer, Hamburg

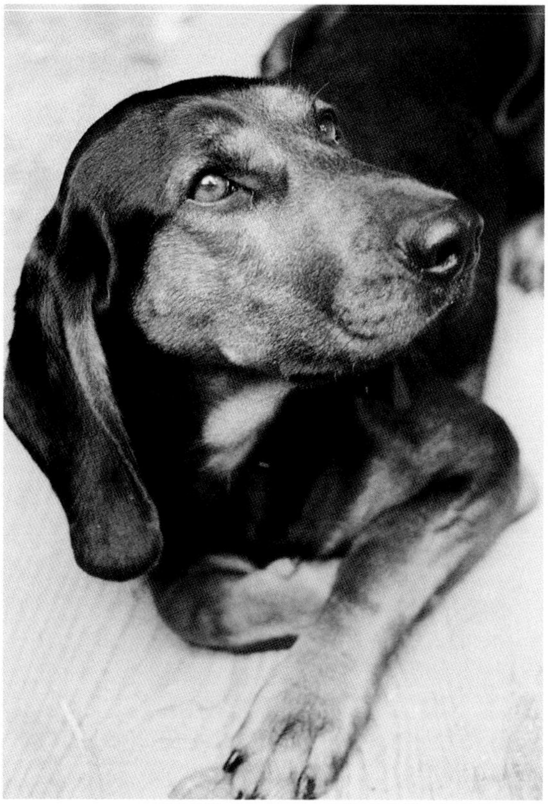

...weil sie anhänglich, geduldig und intelligent sind

Brax Schwarzwälder Schweißhund, Jagdhund | Besitzer: Karl-Josef Fuchs, Gastwirt (Hotel Spielweg), Münstertal

...weil sie weltverloren Kunststückchen vollführen

Biene (Nightingail Crown Hunter), Cavalier King Charles Spaniel | Besitzerin: Ingrid Reich, Rentnerin, Hamburg

...weil sie sich auch mal hängen lassen

Adam Irischer Wolfshund | Besitzerin: Marion Meyenburg, Heilpraktikerin, Hamburg

...weil sie zärtliche Manöver zelebrieren

Pepper (Odoacre), Spinone Italiano | Besitzerin: Dr. Evy McRitchie, Ärztin, Hamburg

...weil sie das seelische Gleichgewicht stabilisieren

Muffy Evita Chihuahua-Mischling | Besitzerin: Caroline Meyer, Studentin, Hamburg

...weil sie uns zum Lachen bringen

Soks Malaiischer-Wildhund-Mischling | Besitzer: Shukri Shafie, Aussteiger, Langkawi/Malaysia

...weil sie im Doppelpack noch süßer sind

Amadeus + Mady Yorkies | Besitzerin: Jenny Pradler, Immobilienmaklerin, Cave Creek, Arizona/USA

...weil sie so hilflos sind

Baby Grey Mischling | Streuner: getroffen auf der Fahrt zum Gletscher Grey an der argentinisch-chilenischen Grenze

...weil sie freiheitsliebend, unangepasst und eigensinnig sind

Kara Schäferhund-Hirtenhund-Mischling | Besitzer: Ute + Günter Grass, Organistin + Schriftsteller, Behlendorf

...weil sie offenbar einen sechsten Sinn haben

Bronzehund von Tom Dean | gesehen: auf der 48. Biennale in Venedig

...weil ihre Freundschaft so kostbar ist

Hemmingway Mischling | Streuner: getroffen in Pinar del Rio/Kuba

...weil sie so sonderbar drollig sind

Johann Wolfgang (Wolf von der Wapelburg), Weimaraner | Besitzer: Familie Wiesel, Hamburg

...weil sie dem Herzen gut tun

Benjamin Mo Pon (Polnischer Hirtenhund) | Besitzerin: Hilde Mo, Pensionärin, Hamburg

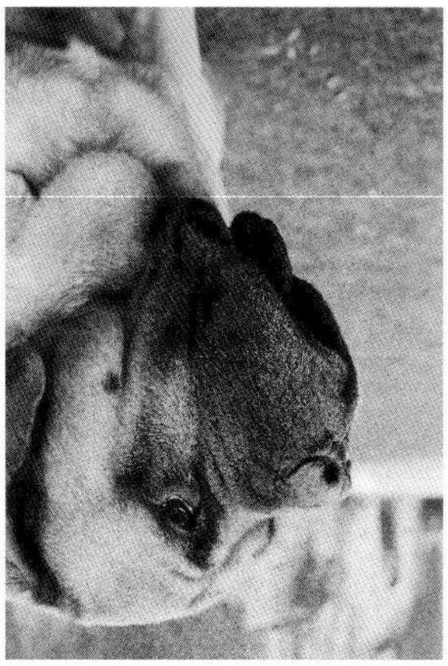

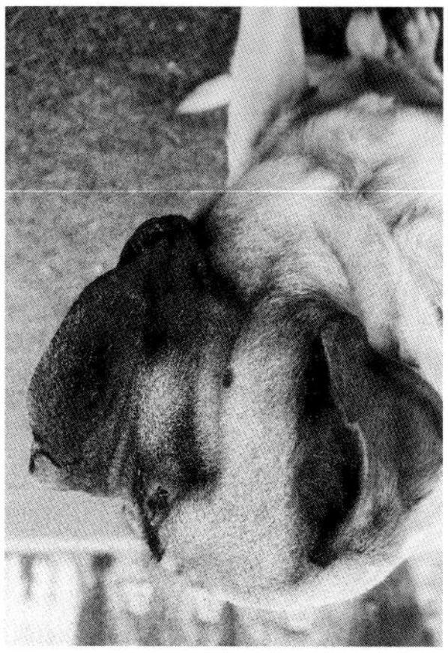

...weil sie uns mit kräftigem Vertrauen zugetan sind

Bruno Mastiff | Besitzer: Elke + Georg Baselitz, Haufrau + Maler, Schloß Derneburg

...weil sie tierisch verzickt sein können

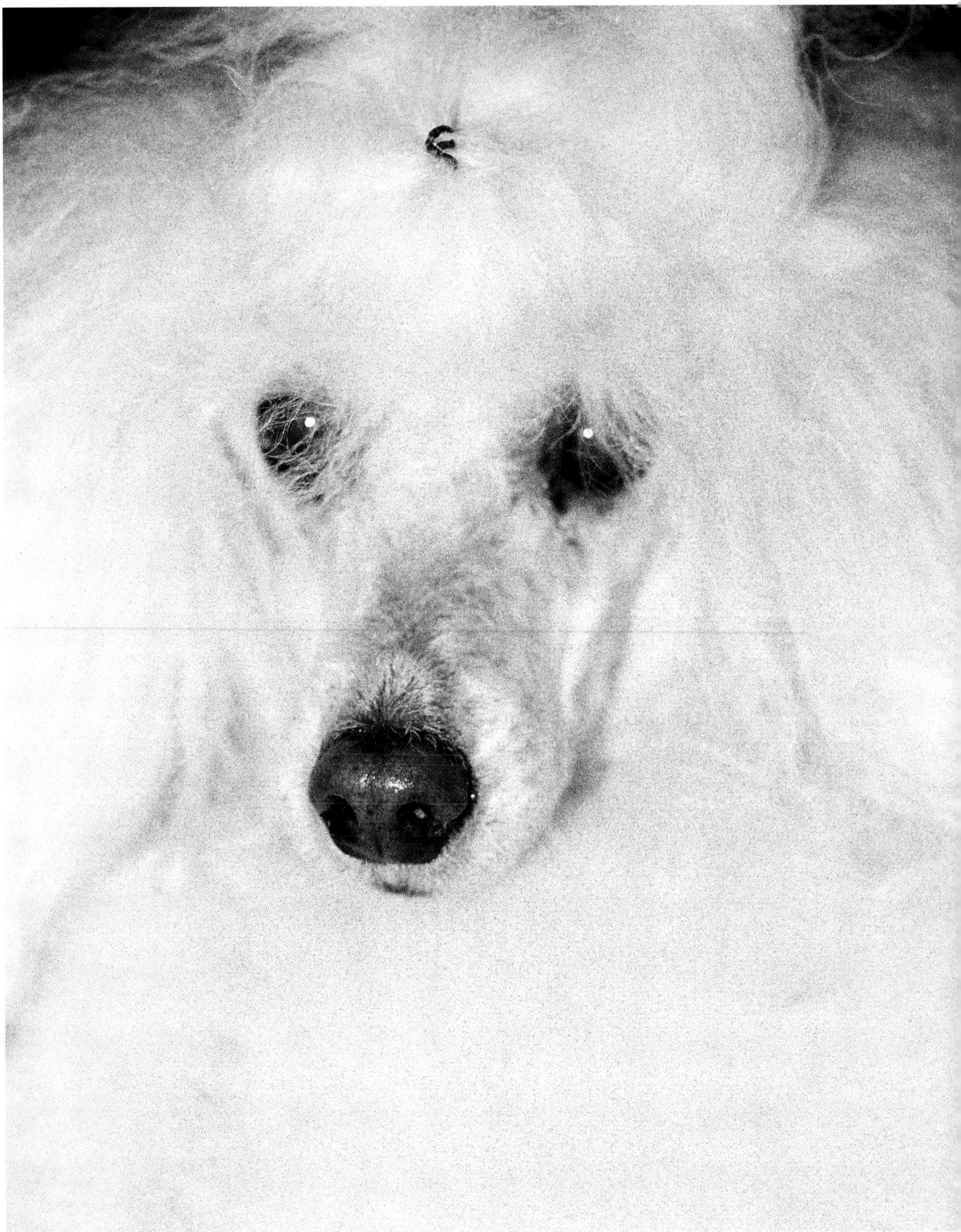

Danjana Zwergpudel | Statistin bei den Dreharbeiten zu Wolfgang Fiereks ZDF-Serie „Zwei Männer am Herd"

...weil sie eine kalte Schnauze und ein heißes Herz haben

Rufus Rottweiler | getroffen: in Venedig im Wohngebiet am Arsenale

...weil sie so frech daherschauen

Cuba Libre Wildhund-Mischling | Streuner: getroffen in Havanna/Kuba

...weil sie das Ego ihres Menschen stärken

Chaos American Pittbull Terrier | Besitzerin: Trina Farrell, Pferdetrainerin, Cave Creek, Arizona/USA

...weil sie so verschmitzt sind

Blitz Foxterrier | Besitzer: Karl-Josef Fuchs, Gastwirt (Hotel Spielweg), Münstertal/Schwarzwald

...weil sie mit heftiger Begierde fordern

Jule (Fiana vom Luxberg), Jack Russel | Besitzerin: Roswitha Regli, Hausfrau, Kampen/Sylt

...weil sie lachen und tanzen können

Melody Toy-Pudel | Besitzer: Hildegard + Walter Weidemann, Rentner, Hamburg

...weil sie Liebe ohne Hintergedanken verschenken

Mojito Mischling | Streuner: getroffen auf Cayo Largo/Kuba

...weil sie so keck sind

Foxl (Delf vom Elbestrom), Glatthaar-Foxterrier | Besitzer: Dieter Jannsen, Architekt, Hamburg

...weil sie sich so hinreißend schämen können

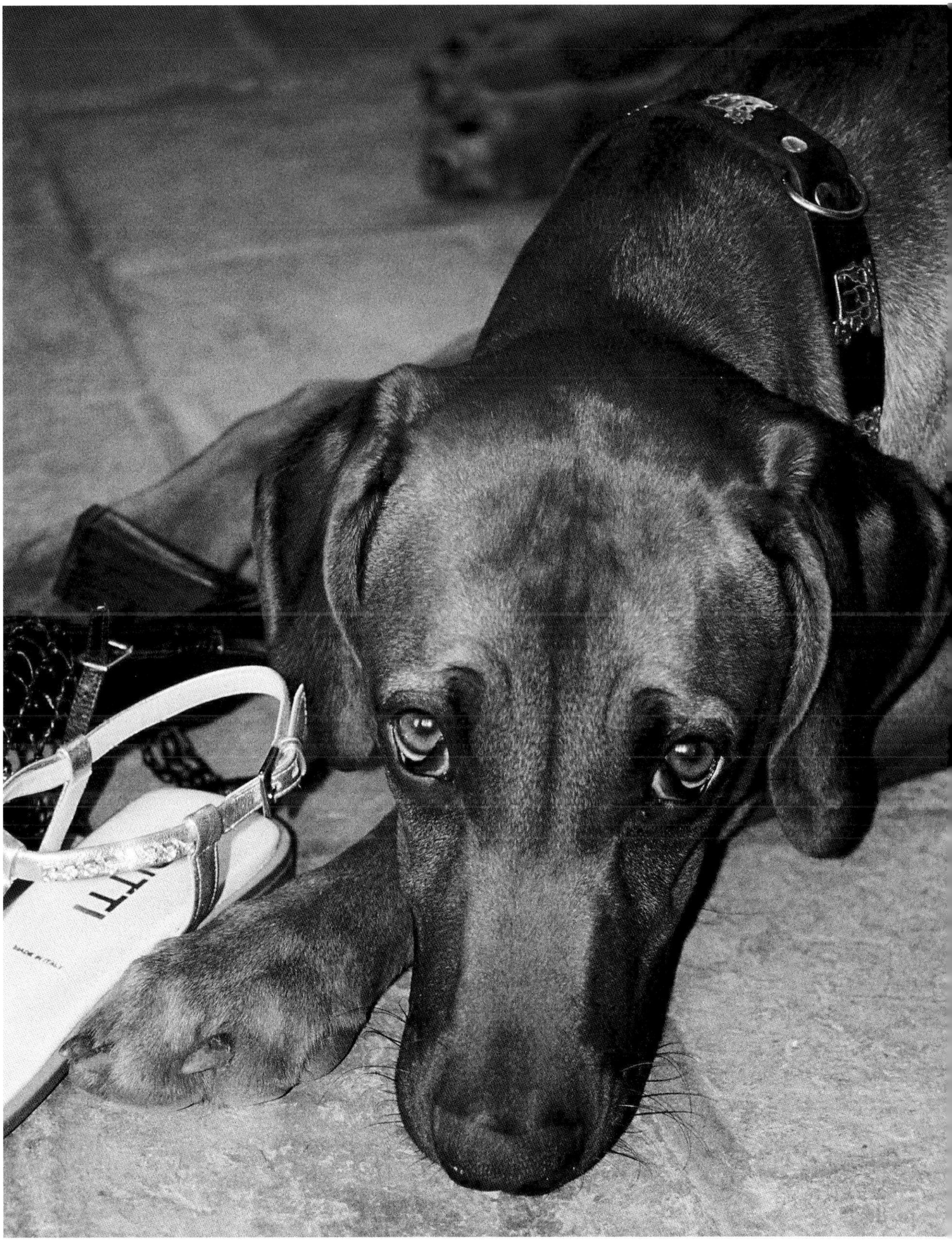

Hank Rhodesian Ridgeback | Besitzerin: Anke Plönes, Schuhverkäuferin, Keitum/Sylt

...weil sie Trost spenden

Carlos Mischling | Besitzerin: Petra Arriens, Computerspezialistin, Hamburg

...weil sie nicht so hundsgemein wie der Mensch sind

Fidel Mischling | Streuner: getroffen am Hotel Nacional in Havanna/Kuba

...weil sie so herrlich störrisch sein können

Malwine Mops | Besitzer: Juan Ramon Theler, Geschäftsmann, Manacor/Mallorca

...weil sie den Schalk im Nacken haben

Gangster Mischling | Streuner: getroffen in Puerto Natales in Patagonien/Chile

...weil sie sich ihren Platz nicht streitig machen lassen

Ganymed + Joda Möpse | Besitzerin: B. Laura Gerlach, Hausfrau, Hamburg

...weil sie den Moment genießen

Magellan Mischling | Streuner: getroffen in Punta Arenas in Patagonien/Chile

...weil sie das Leben verlängern

Clifford Foxterrier | Besitzerin: Hong Bischoff, Galeristin, Scottsdale, Arizona/USA

...weil sie Charakter haben

Lupe Ratison-Mallorquin-Touridackel-Mischling | Besitzerin: Claudia Tippenhauer, Malerin, Hamburg

...weil sie es nehmen wie es kommt

Coco Mischling | Streuner: getroffen in Havanna/Kuba

...weil sie das älteste Haustier der Welt sind

Micky Spaniel | getroffen: in Venedig am Giardini

...weil sie bedingungslos treu sind

Fitz Roy Mischling | Streuner: getroffen am Fitz Roy in Patagonien/Argentinien

...weil sie melancholisch sind

Momo Mops-Pekinesen-Lhasa-Apso-Mischling | Besitzerin: Gabriele Schmidt-Prange, Hamburg

...weil sie sich Frauchen und Herrchen so gut erziehen

Tattoo Englischer Springer Spaniel | Besitzer: Pamela + Renke Thye, New Yorker Geldadel, Greenwich, Connecticut/USA

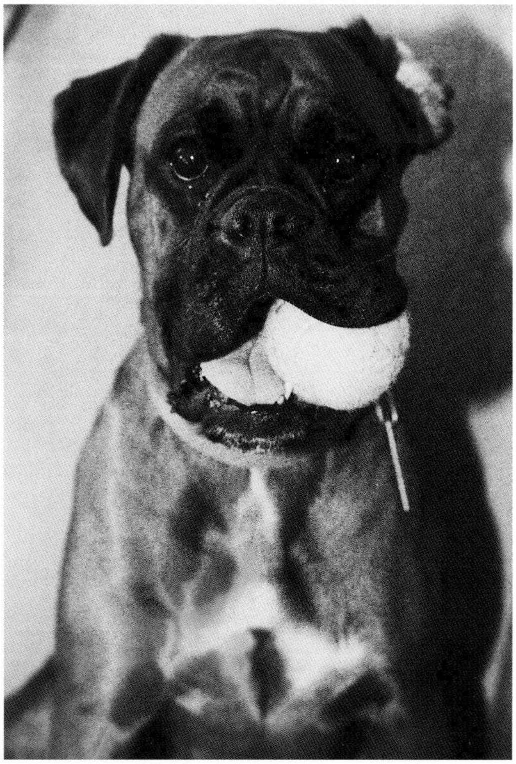

...weil sie zum Brüllen komisch sind

Cindy (von den Bärlesfichten), Boxer | Besitzer: Dr. Bodo Thyssen, Arzt, München

...weil Herr und Hund ein perfektes Paar sind

Manni English Bulldog | Besitzer: Herbert Seckler, Gastronom (Restaurant Sansibar), Rantum/Sylt

...weil sie den Dahinschmelz-Blick haben

Babe Dalmatiner | Besitzer: Alexa + Frank Oliver Meyer-Schuchardt, Geschäftsleute, Hamburg

...weil sie so sind wie sie sind

Ayra (Ivory Madstaff), Staffordshire Bullterrier | Besitzer: Michael Geisinger, Schüler, Hamburg

...weil sie auch mal mürrisch sind

Ayla Irish Setter | Besitzerin: Sabine Heffner, Art Director, Hamburg

...weil sie so pfiffige Wonneproppen sind

Adele Mastiff | Besitzerin: Loretta Theler, Geschäftsfrau, Manacor/Mallorca

...weil sie Menschenleben retten

Chackea Weißer Schäferhund, Lawinensuchhund | Besitzer: Christian Wolf jr., Baggerfahrer, Zug am Arlberg, Österreich

...weil sie unwiderstehliche Herzensbrecher sind

Bruno Briard | Besitzer: Prof. Peter Markworth, Kardiologe, Hamburg

...weil sich manchmal alles um sie drehen muss

Kira (Akita Umvuma), Rhodesian Ridgeback | Besitzer: Pius Regli, Gastwirt (Restaurant Manne Pahl), Kampen/Sylt

...weil sie so herzige Babys sind

Alpine (von der Weinhütte), Airedale Terrier | Besitzer: Max Leo + Mimmo Schmitter, Schüler, Hamburg

...weil man bei ihnen findet, was man bei Menschen nicht findet

Marlen Yorkshire Terrier | getroffen: in Venedig auf dem Markusplatz

...weil sie keine Vorurteile kennen

Pepina Mischling | Besitzerin: Petra Arriens, Computerspezialistin, Hamburg

...weil sie unser Repertoire an Gefühlen auffrischen

Snuty Dingo-Mischling | Besitzer: Johnny Cordier, Privatier, Langkawi/Malaysia

...weil sie rührende Anblicke bieten

Sally (Delia von der Collieranch), Bobtail | Besitzerin: Maren Andersen, Betriebswirtin, Kiel

...weil sie auch mal Zähne zeigen

Shiba (Kira von Manlotens), Shiba Inu | Besitzerin: Martina von Mitzlaff, Hausfrau, Hamburg

...weil sie kernige Kumpel sind

Puero Natales Mischling | Streuner: getroffen in Puerto Natales in Patagonien/Chile

...weil sie die Sinne verjüngen, die Seele streicheln

Tatze Berner Sennhund | Besitzer: Vigga + Wolf-Peter Schneider, Apothekerin + Architekt, Hamburg

...weil sie Schutzengel sind

Terry Deutscher Schäferhund, Wachhund | Besitzer: Juan Ramon Theler, Geschäftsmann, Manacor/Mallorca

...weil kleine Dinge ihr großes Glück sind

Pünktchen (Danaé von Hoyenkamp), Deutsche Dogge | Besitzerin: Isabelle Beulke, Einzelhandelskauffrau, Keitum/Sylt

...weil sie ohne Heimtücke sind

Peggy Pekinese | getroffen: in Venedig im Wohngebiet am Arsenale

...weil es sie in allen Größen gibt

Pluto Pekinesen-Mops-Mischling | Besitzerin: Loretta Theler, Geschäftsfrau, Manacor/Mallorca

...weil sie loyal sind

Tina Pyrenäenhirtenhund-Mischling | Besitzerin: Eva Kiehne, Hausfrau, Hamburg

...weil sie tiefe Abneigung still demonstrieren können

Pickup Punta Arenas Riesenschnauzer | gesehen: Im Pickup auf der Ladefläche in Punta Arenas, Patagonien/Chile

...weil sie einzigartige Gefährten sind

Nabuyo Akita Inu | Besitzerin: Tanja Quandt, Kauffrau, Hamburg

...weil sie zur Lebensgemeinschaft ohne Probleme fähig sind

Poppy Mischling | Besitzer: Traute + Thomas Levy, Galeristen, Hamburg

...weil sie sich nicht aus der Ruhe bringen lassen

Max Bodo (Boxer-Dogge-Mischling) | Besitzerin: Gisela Köhnk, Importeurin, Hamburg

...weil sie auch nicht ganz perfekt sind

Adele Yorkshire-Terrier-Mischling | Besitzerin: Gabriele Schmidt-Prange, Alqueria Blanca/Mallorca

...weil sie die beste Therapie sind

Kimo Husky | Besitzer: Gebhard Jochum jr., Hotelier (Hotel Lorünser), Zürs am Arlberg/Österreich

...weil sie witzig sind

Kiss me Samojede | Besitzer: Nadja + Arno Liebenstein, Hoteliers (Hotel Simi), Zermatt/Schweiz

...weil sie einfach coole Typen sind

Cohiba Mischling | Streuner: getroffen in Pinar del Rio/Kuba

...weil sie der beste Freund des Menschen sind

In der indianischen Kultur sagen wir: „Der Hund ist der beste Freund des Menschen". Davon erzählen viele unserer Mythen und Legenden.

Der Shoshoni-Indianer Stan Natchez erzählt

Die Hunde und die Emanzipation

Auch wenn es viele nicht glauben mögen: Hunde können zu den Menschen sprechen – wir Indianer wissen aus unserer Vergangenheit, dass sie es tun...

Es war einmal vor sehr langer, langer Zeit. Da gerieten die Männer und die Frauen in einen erbitterten Streit, wer denn wichtiger sei auf dieser Welt, die Männer oder die Frauen? Die Männer sagten: „Ist doch klar, dass wir die Wichtigeren sind. Wir kreieren die Lieder und die Riten für unser Volk." Die Frauen entgegneten: „Von wegen, wir sind viel wichtiger, wir bekommen schließlich die Kinder." Sie zankten und zankten sich.

Da meinten die Männer dass es wohl besser sei, wenn sie ohne die Frauen lebten. Sie beschlossen:

„Wir ziehen auf die andere Seite des Flusses." Sie trafen alle Vorbereitungen um sich von den Frauen zu trennen. Sie bauten ein großes Boot um auf die andere Fluss-Seite zu gelangen.

Zu dieser Zeit waren die Hunde die Freunde von Männern und Frauen. Aber die Hunde wussten, sie würden sich entscheiden müssen: Gehen sie mit den Männern oder bleiben sie bei den Frauen?

Als die Hunde schließlich all die Männer ins Boot steigen sahen, fühlten sie sich irgendwie verlassen. Sie sahen sich die Frauen an. Sie sahen sich die Männer an. Und in letzter Sekunde sprangen sie mit aufs Boot.

Es dauerte nicht sehr lange, da fühlten sich die Männer sehr, sehr einsam. Manche von ihnen meinten, es sei einfach schrecklich ohne die Frauen. Das Essen schmecke furchtbar und sie würden ihre Frauen auf der anderen Seite des Flusses ganz entsetzlich vermissen. Sie schlugen vor, doch wieder zurückzufahren.

Doch die anderen Männer meinten, man könne nicht wieder zurückgehen, das sei ausgeschlossen. Man

würde den Frauen sonst zeigen, dass man weich und nachgiebig sei. Die Männer würden ihr Gesicht verlieren und die Frauen würden für immer dominieren.

Aber auch die Frauen vermissten ihre Männer unheimlich. Manche schlugen vor: „Lasst uns auf die andere Seite des Flusses fahren und unsere Männer zurückholen." Andere Frauen meldeten ähnliche Bedenken an, wie sie bei den Männern auf der anderen Seite des Flusses geäussert worden waren. Wie würde man dastehen, wenn man nachgäbe?

Die Zeit verging. Letztendlich setzten sich die Männer zusammen, sahen auf die Hunde und sagten: „Die Tiere sollen zu uns sprechen. Die Hunde sollen uns sagen, was wir machen sollen." Der Leithund sprach zu den Männern: „Die Frauen vermissen euch ebenso wie ihr sie vermisst. Geht zurück zu ihnen. Wenn ihr auf der andere Seite des Flusses bei den Frauen ankommt, dann werdet ihr frei sein."

Als die Männer zurückkehrten, freuten sich die Frauen und sagten: „Lasst uns den alten Streit begraben. Wir wissen, dass es wirklich sehr wichtig ist, die Kinder auf die Welt zu bringen. Aber genauso

wichtig ist es die Songs zu kreieren, unser Leben zu gestalten. Wir brauchen das eine wie das andere."

Und das war die Zeit in unserer Vergangenheit, als Männer und Frauen gleich wurden. Gleiches Recht für alle. Die Männer waren nie mehr an der Spitze und die Frauen nie mehr unterdrückt. Politisch hatten die Frauen seit dieser Zeit sogar oft mehr Macht als die Männer.

PS: Es ist also schon ganz schön komisch, dass da diese Weißen den ganzen weiten Weg gekommen sind um uns ihre Religion zu bringen, obwohl ihre eigenen Frauen nicht einmal wählen durften. Schon lange, lange bevor sie unser Land eroberten, gab es bei unseren Männern und Frauen Gleichberechtigung. Dank den Hunden, die zu uns sprachen.

Der Shoshoni-Indianer Stan Natchez erzählt

Wie ein junger Hund das Feuer zu den Menschen brachte

Es war im eisigen Winter und es gab damals noch kein Feuer. Die Menschen froren, ihnen war sehr kalt und sie starben – die alten und die jungen Menschen auch.

Ein kleiner Junge hatte einen jungen, wilden Hund. Einen Kojoten, der mit ihm lebte. Als er all das Elend sah, sagte der Kojote: „Ich kann euch helfen. Ich kann euch etwas bringen, dass niemand mehr frieren und sterben muß. Aber ich muss zu eurem Ältestenrat sprechen und die Chiefs müssen mir gut zuhören."

Also ging der Junge zum Ältestenrat und sagte den Männern: „Mein Hund hat mir erzählt, dass er uns

etwas bringen kann, was das ganzes Dorf aufwärmt und uns am Leben erhält." Aber die Chiefs winkten ab und sagten: „Du bist verrückt. Die Tiere sprechen nicht mehr mit den Menschen. Sie sind zornig auf uns, weil wir nicht gut mit ihnen umgegangen sind. Es ist eine lange, lange Zeit her, dass sie mit uns sprachen."

Aber der Junge brachte den Kojoten dennoch zum Ältestenrat und den Chiefs. Und der junge, wilde Hund sagte: „Ich brauche einhundert Männer, die schnell laufen können und einen Holzstab. Die hundert Männer verteilen sich in gleich langen Abständen auf dem Weg zwischen Dorf und der Vulkanspitze. Ich entzünde ein Feuer im Vulkan und ein Läufer übergibt das Feuer dann an den anderen, um es so zu eurem Dorf zu bringen."

„Woher sollen wir wissen, ob der Kojote die Wahrheit spricht und wirklich Feuer bringen kann", sagten die alten Männer. Doch in ihrer Not stellten sie die hundert Läufer und schickten den Kojoten zum Vulkan.

Der Kojote nahm den Stab in sein Maul und ging an den Rand des fauchenden Vulkankraters. Er hielt den Stab solange ins Feuer, bis am Ende des Stabes ein Feuer loderte. Ein Läufer übergab den Stab dann an den nächsten. Und so kam das Feuer ins Dorf – und zu den Menschen.

Und das ist auch der Grund, warum seitdem alle wilden Hunde dunkle Haare auf dem Rücken haben – weil das Feuer das Fell angesengt hatte...

Hunde (alphabetisch)

Hunderassen (alphabetisch)

*(Alle Hunderassen nach Angaben der Besitzer)

Hundebesitzer (alphabetisch)

Die Autorin und Fotografin

Ihr Handwerk erlernte Monika Mohr bei der Wochenzeitung „Kieler Woche" und der Boulevardzeitung „Hamburger Morgenpost", für die sie nach dem Volontariat als Redakteurin Serien schrieb und als Parlamentsjournalistin aus Schleswig-Holstein berichtete.

20 Jahre lang war sie danach in Hamburg als festangestellte Reporterin für die Fernsehzeitschrift „TV Hören und Sehen" in aller Welt unterwegs. Bei Dreharbeiten interviewte sie Stars und Sternchen, berichtete von Kriegs- und Krisenschauplätzen wie aus Bosnien oder vom Putsch in Moskau, verfasste Tier- und Reisedokomentationen.

Für den Bauer Verlag entwickelte sie eine neue Frauenzeitschrift, arbeitete als freie Mitarbeiterin für die Illustrierte „Stern", die Sportzeitschriften „surf" und „Boote", das Modemagazin „Für Sie".

Seit 1998 ist Monika Mohr als freie Autorin und Fotografin tätig. Sie lebt und arbeitet in Hamburg.

Die Geschichten-Erzähler

Klaus Löwitsch

Einer der eigenwilligsten Charakterdarsteller Deutschlands. Der gebürtige Berliner machte als rauhbeiniger Krimiheld in Fernsehserien wie „Der Alte", „Derrick", „Der Kommissar", „Zorc", „Hafendetektive", „Detektivbüro Roth" oder „Peter Strohm" Furore. Er spielte in Filmen wie Rainer Werner Fassbinders „Die Ehe der Maria Braun" und glänzte in Fernsehspielen wie „Das Urteil", wo er im Zweipersonenstück als jüdischer Antiquar alle Register seiner Schauspielkunst ziehen konnte. Klaus Löwitsch lebt in München.

Stan Natchez

Einer der erfolgreichsten indianischen Maler Nordamerikas. In seinen modernen Bildern verbindet der Autodidakt zwei Welten und zwei Kulturkreise - die der indianschen Stammesgeschichte und die der weißen Welt (eines seiner Gemälde diente als Hintergrund für das Hundefoto auf Seite 85). Stan Natchez hat als Sonnentänzer sein Versprechen gegeben, auf indianische Art und Weise zu leben. Der Mann vom Stamme der Shoshoni/Paiute lebt und arbeitet in Arizona und New Mexico.

Neue Bücher aus dem Mikado-Verlag

Mikado-Buch Nr. 1

Angela Hasse: Neun Frauen und ich

Brustkrebs und Erotik - lassen sich diese heiklen Themen in einem Buch vereinbaren? Die Fotodesignerin Angela Hasse, selbst eine Betroffene, ist den Erfahrungen von neun Frauen nachgegangen. Das Ergebnis ist ein eindringliches Buch, das in Wort und Bild allen jenen Frauen neuen Lebensmut gibt, die von dieser heimtückischen Krankheit befallen werden, die, statistisch gesehen, immerhin jede zehnte Frau treffen kann. Ein Buch gegen ein gesellschaftliches Tabu.

DM 49,80 ISBN 3-935436-00-9

Mikado-Buch Nr. 2

Dr. Paul Bernard: Mit Worten heilen

Die etablierte Medizin hat es bisher versäumt, die jedem Menschen innewohnenden Heilkräfte zu mobilisieren, sagt der Autor, der auf eine jahrzehntelange berufliche Praxis zurückblicken kann und in diesem Buch seine extensiven Erfahrungen auf dem Gebiet der Mentalhypnose preisgibt. Selbstheilung, so Bernard, ist für beinahe jede Erkrankung möglich. Bernard ist beileibe kein "Wunderheiler", sondern sieht sich als "Trainer" für Techniken, die Selbstheilung durch die Kraft des Mentalen ermöglichen.

DM 39,80 ISBN 3-935436-01-7

Mikado-Buch Nr. 3

Jürgen Hunke: Wohlfühlen. Der Megatrend

Eine Welt im Wandel, eine Welt, in der sich immer mehr Menschen an neuen Werten orientieren: Der Megatrend Wohlfühlen wird das Erscheinungsbild unserer demokratischen Gesellschaften gründlich umkrempeln. Politik und Bürokratie werden große Teile ihrer Machtbefugnisse abgeben - an den Bürger, der sich seinerseits in größerem Umfang an gesellschaftlichen Aufgaben beteiligen wird. Ein Buch über die bedeutenden gesellschaftlichen Entwicklungen im ersten Jahrzehnts des neuen Jahrhunderts.

DM 29,80 ISBN 3-935436-02-5

Neue Bücher aus dem Mikado-Verlag

Mikado-Buch Nr. 4

Andreas Matern: Morgen sind wir unsterblich

Die Medizin eines neuen Jahrhunderts steht vor unerhörten Entwicklungen, dank Gentechnologie und Mikro-Biologie. Der biologische Tod erscheint heute nur noch als Folge von Alterskrankheiten, die man in Zukunft besiegen und abschaffen wird. Wie alt kann der Mensch werden? Und: Welche Altersgruppe der heute Lebenden wird noch in den Genuß des medizinischen Fortschritts kommen? Fragen, auf die das Buch überraschende Antworten parat hält.

DM 39,80 ISBN 3-935436-03-3

Aus der Reihe Miko-Edition:

Amatai Etzioni: Der dritte Weg zu einer guten Gesellschaft

Dr. Amitai Etzioni ist Wirtschaftssoziologe und zur Zeit der Erste University-Professor der George Washington University in Washington, D.C., USA. Der Gründer des Communitarian Network (1992) war Berater des Weißen Hauses unter den US-Präsidenten Jimmy Carter, George W. Bush und Bill Clinton. Etzioni ist Autor von mehr als 20 Büchern, seine Aufsätze und Abhandlungen erscheinen in führenden Nachrichtenblättern wie The New York Times, The Washington Post und The Wall Street Journal. Im vorliegenden Buch beschreibt er die Wege, die bei der Suche nach der neuen Mitte zu beschreiten sind. Ein hochaktuelles Buch, herausgegeben von Jürgen Hunke und Prof. Hans U. Nübel.

DM 49,80 ISBN 3-935436-06-8

Doris Drucker: Erfinde Radium, oder ich wasch' dir den Kopf...

Ein bemerkenswertes und faszinierendes Zeitdokument (vom ersten Weltkrieg bis zur Machtergreifung der Nazis): Wir sehen eine untergegangene Epoche, erst durch die Augen eines Kindes, später durch die eines heranwachsenden jungen Mädchens. Geschrieben von einer in vielerlei Hinsicht bemerkenswerten Autorin. Doris Drucker, verheiratet mit dem Begründer der Wirtschaftsmanagement-Lehre, Peter F. Drucker, beschreibt ihr Heranwachsen in einem großbürgerlichen Elternhaus. "Wie ein Tagebuch, aus dem alle langweiligen Seiten entfernt wurden", urteilte die Tageszeitung "Die Welt".

DM 29,80 ISBN 3-935436-08-4